ALBERT

ou

LE PETIT NATURALISTE.

PARIS. — IMPRIMERIE D'AMÉDÉE SAINTIN, Rue Saint-Jacques, 38.

ALBERT

ou

LE PETIT NATURALISTE

—

HISTOIRE DES ANIMAUX APPRIVOISÉS

Contenant des détails exacts
sur leurs mœurs, leurs habitudes, leur genre de vie,
et la manière de s'en rendre maître.

PAR

Eugène Bar.

PARIS

LIBRAIRIE ENFANTINE ET JUVÉNILE
DE P. MAUMUS, ÉDITEUR, RUE DU JARDINET, 1.
Quartier de l'École de Médecine

—

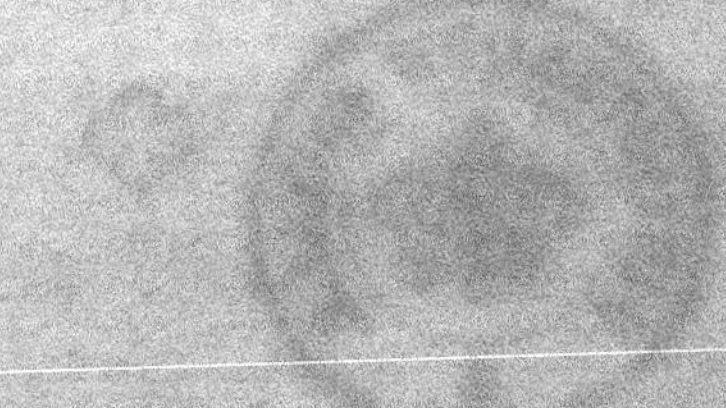

PETIT NATURALISTE

LA CIGOGNE.

La cigogne est un gros oiseau d'un naturel assez doux, que l'on peut facilement apprivoiser; elle prend part aux jeux des enfants, saute et paraît se divertir comme le plus gai d'entre eux.

Un jour, des enfants jouant à cache-cache dans un jardin, une cigogne apprivoisée se mit de la partie; elle se sauvait aussitôt qu'elle se voyait sur le point d'être touchée, et distinguait si bien l'enfant qui devait courir après les autres, qu'elle l'évitait soigneusement, ainsi que le faisaient ses camarades de jeu.

Voici ce que représente la gravure : L'oiseau rusé s'est caché derrière des planches; et une petite fille, vient sur la pointe des pieds, le découvrir; si elle ne se hâte pas de le toucher, il est à craindre, selon la règle du jeu de cligne-musette, que son compagnon ailé ne lui ait bientôt échappé : car ses longues pattes faisant plus de chemin que les petites jambes de sa partenaire ; l'oiseau atteindra plutôt qu'elle, le but où l'on ne peut plus être touché.

Les cigognes sont très communes en Hollande ; elles font leurs nids sur le toit des maisons ; les habitants ont soin de disposer à cet effet, des petits réduits commodes, et de veiller à ce qu'il ne soit fait aucun mal à leurs petits hôtes. Il n'est pas surprenant que les Hollandais aient tant de prédilection pour la cigogne, car elle détruit les serpents et autres reptiles qui infestent le pays.

La cigogne prodigue les plus

grands soins à ses petits, elle leur apporte à manger, jusqu'à ce qu'ils soient assez forts pour pourvoir eux-mêmes à leur subsistance; lorsqu'ils commencent à voltiger, la mère les porte sur ses ailes; les protège contre tous dangers, et aime mieux périr que de les abandonner. Lors de l'incendie qui éclata à Delft, en Hollande, une cigogne s'efforça plusieurs fois de sauver ses petits; ne pouvant y réussir, elle resta auprès d'eux, et périt dans les flammes.

Cet animal si doux et si familier, est aussi quelquefois égoïste, méchant, vindicatif, ainsi que vous allez en juger par l'histoire suivante.

Un fermier des environs d'Hambourg, ville d'Allemagne, située près de l'embouchure de l'Elbe, apporta dans sa basse-cour une cigogne sauvage, pour en faire la compagne d'une cigogne privée, qu'il avait depuis long-temps. Mais celle-ci prit en horreur la pauvre étrangère, l'attaqua et la maltraita si fort, qu'elle fut obligée de se sauver de la ferme pour se soustraire à l'animosité de sa cruelle ennemie. Comme on peut se l'imaginer, cette cigogne privée, était fière d'être restée maîtresse. Mais quelques mois après, on fut très surpris en voyant la cigogne qui avait été battue, re-

venir accompagnée de deux autres
camarades de son espèce, s'abattre
dans la basse cour, tomber toutes
trois sur la mauvaise hospitalière, et
la tuer.

LE BUFFLE.

Le buffle est un quadrupède ex-
trèmement sauvage et carnassier,
aussi rusé que farouche et vigoureux,
il se cache parmi les arbres, et guette
le passage de quelques voyageurs;
s'il en aperçoit, il le laisse arriver à

sa portée, alors, il sort de sa retraite, se précipite sur le grand chemin pour attaquer soudainement le
passager, qui n'a pour toute ressource, que celle de grimper sur
un arbre, plutôt que de chercher à
fuir, car il ne saurait courir aussi
vite que le buffle, qui l'a bientôt atteint, renversé et tué. Ce furieux
animal se tient long-temps auprès
de sa proie; foule au pied ce corps
inanimé, le déchire avec ses cornes,
et de sa langue rude, le lèche avec
force jusqu'à ce qu'il en ait enlevé
la peau.

Il y a quelques temps, M. Thunberg, suédois, se détermina à voya-

ger dans le but de s'instruire. Il visita divers pays, et ne s'épargna aucune peine pour observer les mœurs des différents peuples, la nature des plantes et les habitudes des animaux. Il se rendit au Cap de Bonne-Espérance, au sud de l'Afrique ; séjourna dans la ville et fit plusieurs excursions dans l'intérieur du pays. Deux fois il courut risque de la vie, dans la rencontre des buffles, comme nous allons le voir par le récit suivant, puisé dans ses voyages.

M. Thunberg avec plusieurs de ses amis, désirait traverser la Caffrerie, vaste pays au nord du Cap ; ils entrèrent dans un bois et ils y découvrirent bientôt une clairière où se trouvait un buffle d'une grosseur prodigieuse, étendu isolément. A la vue du guide, cet animal se dressa vivement, fit entendre un rugissement effroyable en se tournant vers lui. Nos voyageurs étaient à cheval. Le guide conduisit sa monture derrière un grand arbre, sur lequel il grimpa; le buffle reporta sa colère sur le cheval qu'il tua à coups de cornes, ensuite il alla droit à M. Thunberg qui se sauvait avec ses amis. Heureusement il y avait entr'eux et l'animal furieux, un cheval abandonné par son cavalier, le buffle se jetta sur ce second coursier avec une telle violence, qu'il le renversa du coup, lui brisa les os et l'étendit raide mort. Il parut alors satisfait de tout le ravage qu'il venait de commettre et se retira avec vitesse, à la grande satisfaction des voyageurs.

Quelques temps après cette aventure, M. Thunberg et ses amis aperçurent un troupeau considérable de buffles paissant dans une prairie, cette fois, ils avaient eu la précaution de charger leurs armes, ils s'approchèrent d'eux et tirèrent dessus. Les buffles épouvantés par le feu et le bruit de cette détonation, s'enfuirent au plus vite dans les bois; plusieurs furent blessés.

L'un de ces blessés, au lieu de se sauver courut avec rapidité sur M. Thunberg et ses amis. Il est bon de savoir que les buffles ne peuvent voir les objets, à moins qu'ils ne soient immédiatement devant eux. Nos voyageurs ne l'ignoraient pas ; aussi, à l'approche de cet animal ils se jetèrent de côté, et il passa sans les apercevoir ; la perte de son sang l'épuisa : lorsqu'il fut à quelque distance il s'abattit et expira.

LE CHEVAL ARABE.

————

Les chevaux sauvages se trouvent encore dans quelques déserts de l'Arabie, et de la Tartarie ; mais principalement dans les vastes plaines de l'Amérique Méridionale.

Ils vivent en troupes, et sont loin

2

d'être aussi beaux que ceux réduits à l'état de domesticité ; cela est facile à concevoir, puisqu'il ne reçoivent aucun des soins qui entretiennent et leur santé et leur propreté. Ces troupes sont séparées et ne se confondent pas ; chacune occupe une certaine partie de terrain, sur laquelle elle ne souffre l'admission d'aucun autre cheval sauvage. Elles reconnaissent un chef qui est toujours le cheval entier le plus vigoureux de la bande ; c'est lui qui guide dans les pâturages la course errante de ses compagnons ; c'est lui qui tente le premier le passage d'un ravin, d'une rivière, d'un bois inconnu ; c'est lui qui en termes de guerre charge le premier sur un objet extraordinaire; il l'affronte et donne l'exemple du courage, de la confiance, ainsi que le signal de la retraite, s'il y a quelque danger. Mais il est bien récompensé des périls qu'il court : Il est le sultan de toute la troupe ; il est souverain, et malheur à celui qui oserait le troubler dans ses droits. Ces troupeaux n'ont pas de lieu ni de repos fixes ; ils sont tantôt dans un endroit, tantôt dans un autre, choisissant toujours un lieu sec et à l'abri du froid, auprès d'un rocher ou sur la lisière d'un bois. A l'approche d'un orage, ils sont inquiets, agités ; ils se retirent dans les

endroits les plus abrités et s'y ca-
chent; l'éclat du tonnerre les met en
fuite et ils ne s'arrêtent que quand
tout danger leur paraît passé. Ces
troupes ne quittent leurs pâturages
que dans le cas d'une de ces courses
forcées, ou bien quand un ennemi
trop redoutable apparaît dans le
voisinage.

Les juments mères ne quittent
pas le troupeau; leurs jeunes pou-
lains, presque dès leur naissance, le
suivent, et s'il se présente un ennemi, ils sont défendus courageusement par la mère, le chef et toute la
bande. Dans une attaque ils forment
un cercle, en réunissant toutes leurs

têtes au centre, et présentant la croupe, ils distribuent de terribles ruades. Quand au contraire, l'ennemi n'est pas à craindre, ils semblent s'amuser à former un large cercle autour de lui; ils se rapprochent peu à peu, l'empêchent de sortir et finissent par le tuer en le foulant au pieds.

Quoique les chevaux arabes aient dégénéré de leur race primitive, ils n'en sont pas moins les plus beaux et les plus ardents du monde. Ils sont divisés en deux races : les *Kadischi* ou chevaux inconnus, dont les Arabes ne font pas plus de cas que nous de nos chevaux communs, et la race des Kohlanim, ou chevaux dont la généalogie existe depuis vingt siècles, et qui, au dire des arabes, descendent des haras de Salomon. Ces chevaux se vendent quelquefois à des prix si élevés qu'on ne saurait y ajouter foi, si on ne l'avait pas vu. Ils sont d'une agilité extrême, font des courses incroyables, passent des jours entiers sans nourriture, se jettent avec impétuosité sur l'ennemi, et ne quittent pas leur maître quand il est blessé ou tué.

La généalogie des chevaux arabes est établie par un acte juridique; on constate la naissance du pou-

lain, et toutes les fois que les for-
malités prescrites n'ont pas été ri-
goureusement observées, le pou-
lain est réputé *inconnu*. Il est
très rare que les arabes vendent
leurs juments généalogiques, ils ne
font au contraire aucune difficulté
de céder leurs étalons. La supersti-
tion exerce un grand pouvoir sur
les arabes relativement à leurs chevaux. La nature orne ces chevaux
de marques plus ou moins heureuses
selon l'opinion des arabes ; et le
cheval a du prix d'après la marque
de bonheur ou de malheur dont sa
robe est ornée.

Les peuplades nomades Arabes font

leurs délices de la possessions de bons chevaux, et y sont beaucoup plus attachés que les arabes des villes. Ce sont pour eux des compagnons plutôt que des serviteurs, et ce n'est qu'à la dernière extrémité qu'ils consentent à s'en séparer. Leurs chevaux, quoique moins beaux, ont l'allure plus fière, la course plus rapide, sont plus sobres, et supportent mieux la fatigue et les privations.

L'orge et le maïs sont la nourriture ordinaire des chevaux arabes; mais quand les hordes sauvages ne peuvent se procurer de ces grains, ils nourrissent les chevaux comme eux-mêmes de toute espèce de choses. Les vrais chevaux arabes vont à l'amble qui est une allure infiniment plus allongée que le pas ; le cheval l'exécute en deux temps, un pour chaque côté du corps : ainsi les deux jambes de droite, celle de devant et celle de derrière, se lèvent en même temps, se portent ensemble en avant et se posent ensemble à terre ; les jambes de gauche exécutent ensuite le même mouvement, qui se continue alternativement. Cette allure ne fatigue nullement le cavalier.

Le cheval arabe ne connaît ordinairement que son maître, auquel il est entièrement dévoué. Il n'a besoin que d'être stimulé par la voix; il s'identifie avec son cavalier, couche avec lui, combat pour lui, obéit à toutes les inflexions de sa voix.

Souvent des hordes de Kurdes franchissent les limites de l'Asie, pénètrent par les déserts de la Syrie presqu'en Arabie, soit pour enlever les jeunes filles arabes, soit pour s'emparer des beaux chevaux qui paissent librement dans les déserts. Une de ces hordes avait enlevé dix jeunes filles appartenant à une des tribus arabes des bords du Tigre et de l'Euphrate. Les ravisseurs, au nombre de trente, bien

montés, n'avaient laissé aucune
trace de leur passage sur le sable
brûlant. Osman, fils du scheik de la
tribu, rentra de la chasse aux tigres
vingt-quatre heures après le rapt.
Sa jeune fiancée, Kalla, la plus belle
parmi les jeunes filles du désert,
avait été enlevée avec les autres.
Osman ne consulte que son déses-
poir ; et quoique son coursier fidèle
fut fatigué d'une longue chasse, il
lui donne à peine le temps de réparer ses forces, et se fiant à son instinct, il le lance dans le désert, lui
abandonnant la bride. Le beau cheval arabe semble avoir deviné le
sujet de la sollicitude de son maître,

il précipite sa course et fend l'air léger comme Alcyon ; il brave la cha-
leur d'un soleil ardent et, rapide
comme l'éclair, il a bientôt laissé
loin derrière lui le camp où Osman
avait donné l'ordre à ses plus vail-
lants compagnons de suivre ses
traces.

Déjà le soleil plongeait son disque
d'or dans les flots éloignés du golfe
persique ; déjà la nuit couvrait la
terre de son voile ténébreux, et
rien encore n'annonçait à Osman
qu'il fut sur la trace des ravisseurs.
La lune argentée vint répandre sa
triste clarté sur l'horizon ; sa pâleur
semblait tenir de l'agitation du jeune

arabe, et parfois un nuage léger venait la couvrir d'une ombre qui ajoutait à toutes les noires pensées du jeune homme.

Tout-à-coup le coursier s'arrête frémissant, allonge horizontalement sa tête, il ouvre ses naseaux écumans et semble respirer un air nouveau. Osman le caresse de la main et de la voix; le cheval s'élance de rechef et bientôt un cri lointain se fait entendre et porte l'espoir et la terreur dans l'âme d'Osman. Une faible lumière vascille à l'horizon ; c'est le camp des Kurdes !

Osman approche ; une ombre se projette entre lui et la lumière ; un nouveau cri trouble le silence du désert : Osman met pied à terre, se couche, et recueille ainsi des sons qui confirment ses espérances. Remontant sur son coursier, il s'élance vers l'ombre, l'atteint, et reconnaît un chef Kurde. Il l'attaque; le combat est mortel..... le chef Kurde pousse un cri de détresse, le fier Osman lui a fait mordre la poussière; mais il est seul, et il voit accourir la horde des ravisseurs. Il se précipite de nouveau à bas de son fidèle coursier, qui lui-même s'affaisse, s'étend au niveau du sable; tous deux semblent ainsi disparaître sous terre. Les ravisseurs parcourent la plaine, se répandent de tous côtés; Osman est découvert, mais les Kurdes sont dispersés; il peut les combattre séparément, et il est assez heureux pour terrasser dix ennemis. Cependant ces combats partiels ont attiré les autres Kurdes, Osman est entouré; malgré ses efforts, et sa bravoure, après avoir blessé plusieurs de ses adversaires, il tombe baigné dans son sang. Long-temps encore son coursier le défend en tournant autour de lui; le brave Osman allait périr,... quand tout-à-coup des cris et des trépignements lointains annoncèrent un secours bienfaisant. Les arabes de la tribu d'Osman avaient laissé à l'instinct de leurs coursiers suivre la trace de leur chef, et ces animaux ardens avaient franchi la plaine. Du moment que leurs maîtres apparurent sur le champs de bataille, les Kurdes furent bientôt exterminés, les jeunes filles arabes délivrées, et Osman ramené à son camp éloigné du lieu du combat de plus de quatre-vingt lieues, distance que le coursier arabe avait franchie en moins de quinze heures.

Telle est l'agilité du cheval arabe : son courage et son dévouement sont sans bornes.

LE CRAPAUD.

Dans vos promenades nocturnes, vous voyez avec plaisir les jeunes grenouilles sauter dans le chemin; car en effet, quoiqu'elles ne soient pas jolies, elles ne manquent pas de légéreté et de vivacité. Quant au crapaud, animal hideux, vous ne vous doutez pas qu'il en est qui se sont montrés sociables; cela est pourtant un fait positif : oui, on en a vu qui se sont apprivoisés très facilement, comme vous allez en juger par l'histoire suivante :

Un habitant du Devonshire, en Angleterre, remarquait un crapaud presque tous les soirs sur les marches de son vestibule; cet homme d'un bon naturel, ne fut pas assez méchant pour détruire ce pauvre animal. Malgré sa laideur, il avait coutume de venir le regarder avec toute sa famille; il lui vint même à l'idée de lui apporter de la nourriture;

petit-à-petit chacun le traita si bien, et l'animal s'apprivoisa de telle sorte, que le soir aussitôt qu'il voyait venir à lui avec la chandelle, il sortait de son trou, s'approchait, et ne quittait plus ses visiteurs, sans en avoir reçu sa ration. Un soir, l'Anglais le prit, le porta dans son salon, et le posa sur une table; toute la famille l'entoura pour examiner ses mouvements. Les grenouilles et les crapauds généralement se nourrissent d'insectes et de vers; mais ce que notre crapaud préférait sur tout, c'étaient de petits vers qui naissent de l'œuf de la chrysalide. Ce bon Anglais avait coutume d'en ramasser une grande quantité dans du son, afin d'en avoir sous la main pour le souper du crapaud lorsqu'il était porté dans le salon. Aussitôt que ces vers étaient placés devant lui sur la table, il fixait attentivement sur eux ses beaux regards; car les crapauds ont de très beaux yeux, quoique beaucoup de personnes ne le croiront peut-être qu'après s'être donné là peine de l'examiner. Puis, sortant sa langue, et la promenant de côté et d'autre sur la table pour s'emparer des vers, il les attrapait; mais il fallait apporter la plus grande attention, pour lui voir faire ce mouvement; le plus vif et le plus adroit animal du monde, ne pourrait saisir sa proie avec plus de vitesse et de rapidité.

Vous trouvez sans doute singulier qu'il puisse promener sa langue à une certaine distance, vous, qui pouvez à peine dépasser vos lèvres avec la vôtre? Je vais vous expliquer cela : La langue du crapaud n'est pas placée comme la vôtre, elle est fixée à la partie supérieur du palais, et, quand il ne s'en sert pas, le pointu de la langue est tourné dans le gosier; mais, lorsqu'il veut saisir une proie un peu éloignée de lui, il sort sa langue entièrement de sa bouche ; elle est disposée à cet effet. La nature est prévoyante, ou, pour mieux dire, le créateur a tout prévu : chaque être est formé de la manière qui lui est propre, afin de jouir de la vie, et d'être heureux.

Le crapaud vécut en bonne intelligence avec cette famille, pendant l'espace de trente-six ans ; il la visitait régulièrement, et elle de son côté, pourvoyait avec exactitude à sa nourriture. Un jour, ô jour néfaste ! se disposant à sortir de son trou comme de coutume, il fut remarqué par un corbeau privé. Ce fut pour le crapaud une bien triste aventure ; car, à peine avait-il la

tête dehors, que le corbeau le saisit, l'arracha de ce trou qui l'avait
protégé depuis de longues années,
et le maltraita si fort, qu'il en mourut peu de temps après.

LE CANARD.

———

Le canard, dans l'état sauvage, est presque semblable à celui réduit à la domesticité ; seulement, il est plus petit, et il a les habitudes et les mœurs différentes ; il est rempli de prudence et de finesse ; et quicon-

que veut se livrer à la chasse de cet
oiseau, doit faire preuve, y pour
réussir, de beaucoup d'adresse et de
patience.

En général, les canards sauvages
se fixent dans de grands lacs, et re-
cherchent particulièrement les marais et les pays humides.

Parmi les histoires qui les concer-
nent, j'en choisirai une, relative à
un chasseur de l'île de Wight, en
Angleterre, île où les canards sauvages se plaisent beaucoup, parce
que la mer étant moins profonde
dans cet endroit que sur les autres
rivages, la marée en se retirant, laisse
à découvert une très grande plaine

boueuse, couverte d'herbes maré-
cageuses.

Les volatilles dont il est question,
cherchent généralement leur nourriture pendant la nuit ; et on en voit
une multitude aussitôt que la marée
est basse. La saison la plus favorable
pour cette chasse est l'hiver ; aussi
la plupart des habitants de l'île de
Wight, occupés à pêcher pendant
l'été, emploient-ils leurs longues
soirées d'hiver à chasser les canards.
Le chasseur se rend le soir sur ces
rivages, qui, semblables à une vaste
prairie, ont deux ou trois milles d'é-
tendue, et sont arrosés par des canaux qui y serpentent. Le chasseur

se jette dans sa barque, et la dirige
en mer vers un banc marécageux.
Il met alors son bateau à l'abri dans
les roseaux, et s'avance avec précaution. Son fusil à deux coups est déjà
chargé, il se couche, et prête une
oreille attentive. Bientôt il entend
dans les airs un bruit semblable aux
aboiements d'une meute, ces cris
s'approchent de plus en plus ; mais
la nuit est si obscure, que le chasseur ne peut rien voir. S'il pouvait
distinguer ces oiseaux, eux de leur
côté le verraient, et ils sont si soup-
çonneux et si craintifs, qu'ils ne s'a-
battraient jamais à la portée du fusil.
Il est donc obligé de s'en rapporter

à ses oreilles, et d'écouter la direction qu'ils prennent.

Lorsque toute la bande s'abat, les cris cessent, et les canards cherchent leur nourriture tranquillement. Le chasseur vigilant, distingue le bruit qui s'élève du glouglou d'une telle multitude, il saisit doucement son fusil, et vise à l'endroit où il pense qu'est la réunion, et tire... Les canards effrayés se lèvent, aussitôt le chasseur décharge convenablement son second coup pour abattre ceux qui ont pris leur vol.

Toute son espérance est dans le nombre d'oiseaux qu'il peut avoir atteint, et il se met en devoir de recueillir le fruit de ses peines, ce qui est encore une nouvelle peine pour lui; car il faut qu'il ait le soin d'attacher à ses pieds deux espèces de planches qu'il nomme patins. S'il se hasardait sans cela, il enfoncerait immanquablement; il va donc tatonnant dans l'obscurité, à la recherche des canards qui sont restés sur la place; il arrive quelquefois qu'il met la main dessus; mais souvent aussi, il ne rencontre rien, et s'est donné beaucoup de fatigues en pure perte. Les oiseaux que le plomb meurtrier a abattus, sont emportés par la marée suivante, et jetés sur le rivage où ils sont ramassés par des hommes plus heureux que lui.

Je vais vous raconter l'histoire d'un chasseur étranger à ce pays, qui désolé et morfondu, s'étant retiré sa carnassière vide, revint le jour chercher les canards qu'il avait abattu la nuit sans pouvoir les trouver dans l'obscurité.

Monté sur ses patins il visitait un banc éloigné du rivage, et telle était sa préoccupation qu'il ne fit pas attention à la marée montante qui eut bientôt gonflé les canaux. Ces canaux débordés lui avaient coupé la retraite, lorsqu'il s'aperçut de la position critique où il se trouvait au milieu des flots. Il se rassura cependant, par la supposition que le flux ne dépasserait guère la hauteur de la moitié du corps. Ne songeant donc plus qu'à résister à la force des vagues, il enfonça le canon de son fusil dans le terrain marécageux, afin de se faire un point d'appui de la crosse de cette arme. Il considéra cette idée comme une inspiration du ciel, et confiaant son sort à la providence il attendit courageusement les progrès de la marée. Le voilà dans l'eau jusqu'aux genoux, puis jusqu'à la ceinture... Hélas son habit boutonné sur la poitrine devint bientôt à ses yeux

une sinistre échelle de propor-
tion qui lui fit mesurer de minutes
en minutes toute l'éminence du péril qui le menacait. Chaque bouton
qui se trouve successivement atteint
par la hauteur du flux lui indique
que l'heure de son trépas arrive à pas
de géant... Le flux ne cessant point
d'augmenter, la mer flotte par-des-
sus ses épaules, il n'a plus absolument que la tête hors de l'eau........
Heureusement qu'il se tient bien
cramponné à la crosse de son fusil;
s'il l'eût lâché une minute, son
corps roulait au milieu de l'onde;
car le pauvre voyageur ne savait
pas nager. Il regardait sans cesse

autour de lui dans l'espérance, que quelque bateau pourrait encore venir assez à temps pour le sauver; mais personne ne paraissait, d'ailleurs sa tête était un point trop petit pour pouvoir être aperçue à une certaine distance, et quelquefois même elle était tout à fait couverte par les vagues. Enfin transi de frayeur, il sentait s'évanouir pour lui tout espoir de salut : ses forces l'abandonnaient et déjà il recommandait son âme à Dieu... O bonheur sans égal! la marée ayant atteint son plus grand période, il revoit le premier, puis le second bouton de son habit... non le marin

qui découvre de loin son port de mer
après le plus long et le plus périlleux
voyage n'a pas plus de joie que n'en
éprouvait notre pauvre submergé à
mesure qu'il revoyait chaque bouton dégagé du cruel élément...Grand
Dieu s'écria-t-il, que je dois vous re-
mercier! encore quelques lignes de
plus, et c'en était fait de moi ! échappé à ce danger, il s'empressa de dire
adieu aux habitants de l'île de
Wight, et jura bien que de sa vie
il ne retournerait à la chasse aux
canards.

L'OIE.

L'on rencontre l'oie sauvage
dans différentes parties du monde;
mais plus particulièrement dans les
froides contrées du nord. Il en est
qui sont blanches, ayant quelques
plumes noires sur les ailes; aussi

leur donne-t-on le nom d'oie de neige. Ces dernières se rencontrent fréquemment dans le nord de l'Asie,
et de l'Amérique; celles qui abon-
dent sur le bord de la baie d'Hudson, ont l'instinct craintif et soup-
çonneux du canard sauvage des
côtes d'Hampshire; les oies de neige
de la Sibérie n'ont aucune méfiance
et les habitants ont très peu de
peine à s'en rendre maîtres; ce
qu'ils font d'une manière particu-
lière.

Ces oies, semblables aux autres
oiseaux sauvages se réunissent en
bandes et choisissent une d'elles
pour les conduire. Lorsque les na-

turels de la Sibérie désirent les prendre, ils font une maison avec des peaux cousues les unes aux autres. Un des leurs se revet de la peau d'une renne blanche, s'avance vers la bande d'oies , s'en approche, tourne d'abord tout autour; puis il marche vers la cabane. Ses compagnons poussent des cris aigus derrière les oies, et les chassent ainsi. Ces oiseaux imbéciles prennent l'homme recouvert de la peau blanche pour leur conducteur et le suivent. Le chasseur se traîne dans la cabane par un trou pratiqué à cet effet et sort par une autre ouverture faite au côté opposé

qu'il ferme aussitôt. Les oies ne manquent pas de pénétrer dans la ca-
banne par le premier trou, et quand
elles sont toutes entrées l'homme
qui les guette fait le tour, et s'assure
de ses prisonnières en leur fermant
toute issue.

Les oies grises habitent les marais
d'Angleterre. Elles sont réduites à
l'état de domesticité, et c'est à qui
en aura des troupeaux nombreux, à
cause des plumes et du duvet que
l'on en retire. Vous savez que les
plumes à écrire sont les tuyaux de
leurs ailes. Au printemps ces pauvres oies sont dépouillées de leurs
plumes et de leur duvet; les vieilles qui y sont habituées, se soumet-

tent patiemment à cette opération,
et elles ne semblent point en souffrir
beaucoup; mais les jeunes ne se ré-
signent pas avec autant de patience.
Ces pauvres bêtes ne peuvent dis-
cerner le motif de ce traitement.
Elles ignorent combien est grande la
quantité de lits et d'oreillers faits
avec leurs plumes douces, chaudes
et moelleuses.

L'oie grise est très facile à apprivoiser, elle est même susceptible de
s'attacher à ceux qui la traitent avec
douceur; voici un exemple qui vous
démontrera qu'elles ne sont, ni
aussi craintives que celles de la
baie d'Hudson, ni aussi stupides que
celles de la Sibérie.

Le célèbre Buffon qui a si bien décrit les caractères et les mœurs des animaux, rapporte le fait suivant qui lui fut raconté par un de ses amis.

Dans mon troupeau d'oies, se trouvaient deux jars, (c'est-à-dire, deux mâles amoureux de la même oie), l'un blanc, et l'autre gris. Ce dernier, beaucoup plus fort que le blanc, aurait un jour infailliblement tué son rival, si, attiré par ses cris, je ne fusse allé au fond de mon jardin, où, heureusement j'arrivai assez à temps pour sauver le pauvre jacquot (tel était le nom du jar blanc) des griffes de son ennemi. Jacquot fut très reconnaissant de ma protection, et me devint très attaché.

Un jour allant dans un bois distant d'un mille et demi, comme je traversais le parc, mon ami Jacquot me suivit familièrement jusqu'à l'extrémité ; arrivé là, je refermai sur lui la porte, et je continuai ma promenade : lorsqu'il se vit séparé de moi, il commença à pousser les cris les plus plaintifs ; et lorsque je fus environ à un demi mille, j'entendis du bruit et me retournant je vis le pauvre Jacquot tout auprès de moi. Il me suivit ainsi tout le long du chemin, tantôt volant, tantôt marchant ; il me précédait et s'arrêtait lorsqu'il y avait plusieurs sentiers pour voir celui que je prendrais. La promenade fut longue ; j'avais déjà marché pendant plusieurs heures, et cependant il me suivait dans tous les détours du bois, ne paraissant nullement fatigué.

Un autre jour étant dans la maison d'un de mes voisins, Jacquot vint à passer sous la fenêtre et entendit ma voix ; la porte de la maison était ouverte ; il monta l'escalier, entra dans le salon où nous étions assis, et vint droit à moi en poussant des cris de joie.

Je suis encore désolé lorsque je pense comment a fini malheureuse-

ment notre amitié. Ce pauvre Jacquot devint si importun en me suivant partout, que je fus obligé de
l'enfermer, et il en est mort de cha-
grin; chaque fois que j'y pense, je
me reproche son trépas. Son rare
attachement pour moi méritait un
meilleur sort.

Vous n'avez pas été, je pense, sans
rencontrer un chien conduisant, à
l'aide d'une corde, un pauvre
aveugle; et le soin que ce guide
prend pour la sûreté de son maître,
n'a pas été sans vous causer autant
d'admiration que de plaisir. Dans
une de mes lectures, il me souvient
d'avoir vu, que dans un village de

l'Allemagne, une vieille femme aveugle était conduite tous les dimanches matins à l'église par un jar qui avait coutume de tenir sa robe avec son bec. De là il se rendait au cimetière où il mangeait de l'herbe, et lorsqu'il voyait le monde sorti de l'Eglise, il allait reprendre sa vieille maîtresse et la reconduisait chez elle. Un étranger se rendit un jour chez cette dame, ne l'y voyant pas, il témoigna à sa fille sa surprise de ce qu'une femme aveugle s'absentait ainsi. Oh! monsieur, répondit la jeune personne, nous ne sommes pas du tout inquiets, car le jar est avec elle.

CHAMEAU, DROMADAIRE.

Les anciens distingaient le chameau à une bosse, de celui à deux
bosses, par le nom de chameau d'A-
rabie, et le dernier (à deux bosses),
par celui de chameau de Bactriane.

La figure de cet animal est très

bizarre : il a le cou long et arqué vers le bas, les jambes fort longues, la tête très petite, la queue courte, le museau très allongé, la lèvre supérieure fendue, les orbites des yeux très saillantes, les oreilles courtes, la croupe maigre et pointue, les quatre pieds très gros et applatis ; il a une callosité au-dessous du poitrail, sur la partie postérieure du sternum, de plus petites au coude, au genou des jambes de devant, à la rotule ainsi qu'au jarret des jambes de derrière. Les jeunes chameaux les apportent en naissant. Les bosses du chameau sont composées d'une substance grasse et charnue de la consistance à peu près de la tétine de vache.

C'est un animal ruminant, et ainsi que tous ceux de son espèce, indépendamment des quatre estomacs qui les distingue, il a une cinquième poche qui sert de réservoir pour l'eau, qui s'y conserve sans se corrompre et sans que les autres alimens s'y mêlent. Quand le chameau a soif et ressent le besoin de délayer les nourritures sèches, il fait remonter dans sa panse, et jusque dans son œsophage, une partie de cette eau par une simple contraction des muscles. Voilà pourquoi les chameaux et les dromadaires peuvent rester plusieurs jours sans boire. Le chameau habite surtout le Turkestan, qui est l'ancienne Bactriane, le Tibet et la Chine. On s'en sert comme bête de somme; le dromadaire est plus particulièrement employé comme monture, quoiqu'en Perse, en Arabie, en Egypte et en Abyssinie, il soit aussi employé comme bête de charge.

Le chameau dort accroupi et les yeux ouverts. Son caractère est très doux, il s'attache à son maître, auquel il obéit au signe et à la voix. Sa nourriture, dans le désert, consiste en fèves, broussailles, paille hachée; il ne consomme pas davantage par jour, qu'un cheval, quoiqu'il

soit beaucoup plus grand et plus
fort. A certaine époque de l'année,
il répand une odeur insuportable,
produite par une forte sueur; lorsque cette sueur est passée, il se forme à l'extrémité supérieure postérieure de la tête, derrière les
oreilles, deux protubérances, ayant
la figure de cœur. Il s'en s'écoule une
liqueur noirâtre, visqueuse et très
puante, qui salit le poil qu'on est
alors obligé de couper. Au soleil
ardent ce suintement se renouvelle
momentanément, et la liqueur qui
s'en épanche est d'une couleur roussâtre.

Le chameau porte des fardeaux de

dix à douze quintaux et son conducteur; quand il est assez chargé,
il l'annonce par des cris et des mouvements de tête, et si on veut ajouter au fardeau, rien ne saurait le contraindre à se dresser. Ainsi que le
cheval arabe, son allure est l'amble,
ce qui est très fatigant; car ses pas
étant démesurément longs, le cavalier éprouve une violente secousse
d'avant en arrière, à laquelle il a
peine à se faire. Il est rare que le
chameau prenne le trot ou le galop.

La camelle veille avec un soin
tout particulier sur sa progéniture;
le petit chameau est d'une gentillesse admirable; sa chair est un

mets exquis; le lait de camelle est une grande ressource dans le désert. La fiente du chameau sert à faire du feu, et se consume comme du charbon.

Les deux bosses du chameau retombent recourbées sur le côté du corps; elles facilitent le chargement de l'animal. Il ne fait ordinairement que douze à quinze lieues d'un soleil à l'autre; mais dans les marches forcées, il peut faire le double.

Quand une caravanne s'arrête pour passer la nuit, les chameaux sont rangés en cercle, la tête en dedans, et de cette manière, forment une espèce de fort, au centre duquel sont déposés les fardeaux, et où se réunissent les voyageurs. Souvent, les Arabes leur attachent un pied de derrière à un pied de devant, et les laissent errer çà et là, pour brouter; mais une particularité remarquable, est la manière dont les Arabes leur donnent leur nourriture : soit par un cri, soit par un coup de sifflet, les conducteurs les appellent; alors on voit ces bons animaux accourir aussi promptement que leurs liens le leur permettent, se ranger autour du conducteur, s'accroupir, et là, attendre la distribution. Quand une fois sa provision d'eau est faite, il est bien rare que le chameau la renouvelle en arrivant à un lieu où il trouve de l'eau fraîche ; néanmoins, on le conduit à l'abreuvoir, où il ne fait que se rafraîchir le museau et barbotter dans l'eau.

Pline et Aristote donnent au chameau à une bosse, le nom de chameau d'Arabie ; Diodore et Strabon le nomment chameau coureur, d'où les modernes ont fait dromadaire. On aurait aussi tort de croire que le dromadaire est différent du chameau, que de penser que le cheval de selle est d'une autre espèce que le cheval de charge. Le chameau

bactrien, il est vrai, a deux bosses, et le chameau arabe n'en a
qu'une ; la seule différence qui
existe entre ce dernier et le dromadaire, c'est que celui-ci est élevé
pour la course, tandis que le chameau, l'est pour la charge.

Le dromadaire est d'une moindre
taille que le chameau ; il a de 5 a 7
pieds de hauteur ; sa bosse est placée sur le dos et n'est jamais tom-
bante, son museau est moins renflé
que celui du chameau bactrien ;
son poil est doux, laineux, fort iné-
gal et plus long sur la nuque, sous
la gorge et sur la bosse, que partout
ailleurs. Dans la jeunesse, sa couleur

est d'un blanc sale ; à mesure qu'il
vieillit, cette couleur devient d'un
gris roussâtre plus ou moins foncé.
Sa bosse semble formée par la cour-
bure du dos. Sa tête est conique ;
sa lèvre supérieure est épaisse, dépasse le nez, et est fendue ; les ou-
vertures des narines sont ovales,
convergent et se réunissent presque
en bas ; et le bord est comme bour-
relé ; les lèvres sont presque nues,
l'inférieure est très petite, le bord de
la supérieure est garni d'une rangée
de poils droits et blanchâtres ; l'œil
est ombragé de longs sourcils noirs ;
les oreilles sont courtes et arron-

dies ; la queue est terminée par de longs crins.

L'intérieur du dromadaire est semblable à celui du chameau.

L'espèce du dromadaire est bien plus répandue que celle du chameau ; elle est commune en Arabie, dans la partie septentrionale de l'Afrique qui s'étend de la Mauritanie jusqu'à l'Egypte, et de la Méditerranée jusqu'au fleuve Sénégal ; dans la Perse, la Tartarie méridionale et les parties septentrionales de l'Inde.

Le dromadaire semble être originaire de l'Arabie, s'il faut en croire les anciens ; non-seulement c'est le

pays où il est en plus grand nombre,
mais c'est aussi celui auquel il con-
vient le plus par son organisation.
L'aridité du sol, la rareté de l'eau,
l'ont accoutumé à la sobriété. Le
terrain est partout sec et sablon-
neux ; les pieds du dromadaire pa-
raissent être faits pour y marcher,
tandis qu'il ne peut se soutenir dans
les pays humides et glissants. Les
pâturages manquent en Arabie ; le
dromadaire remplace le bœuf, et les
Arabes le regardent comme un bien-
fait de la providence, sans le secours
duquel, ils ne pourraient ni subsis-
ter, ni commercer, ni voyager. Le
lait des femelles est pour eux une

nourriture ordinaire ; ils mangent la chair des jeunes ; le poil sert à faire des vêtemens. Le dromadaire peut faire cinquante lieues à la journée. Sans ces intelligents animaux, il n'y aurait pas de communication facile avec l'Abyssinie, la Barbarie, les déserts de Saara, la Syrie, la Perse, et l'Arabie heureuse serait absolument isolée du reste de la terre.

Le dromadaire aime la musique, et c'est en chantant qu'on précipite leur marche, quand on est pressé ; on n'a besoin ni de fouet ni d'éperon pour les exciter. Il garde rancune des mauvais traitemens, et il est sou-

vent arrivé que celui qui le frappait.
était mordu, foulé aux pieds, et
quelquefois tué par le dromadaire.
A sept ans, il a atteint toute sa grandeur ; il vit quarante et cinquante
ans.

Un major Russe qui habitait depuis plusieurs années les environs
du mont Sinaï, se rendait régulièrement deux fois par an au Caire avec
une caravane, pour y transporter
des marchandises qu'il échangeait
contre d'autres denrées europé-
ennes. Il avait élevé un jeune dromadaire d'une beauté rare ; mais il
était aussi fier qu'il était beau.
Le major soignait lui-même ce

noble animal, auquel il avait donné
le nom de sultan; il ne répondait
qu'à ce nom, et n'obéissait qu'à son
maître. Rarement le major le mon-
tait; mais quand cela arrivait, c'était
toujours dans de grandes circons-
tances, comme une course rapide à faire, ou pour développer
aux yeux des étrangers curieux, l'é-
légance, la majesté et la vivacité de
Sultan. En 1830, revenant du Caire,
le major rencontra entre la forêt
pétrifiée et Suez, une caravane ve-
nant de la Mésopotamie, et appartenant à un riche négociant persan.
Celui-ci, en voyant sultan, se prit
de belle passion pour lui, et offrit

d'en faire l'acquisition. Le major re-
fusa toutes les propositions, et re-
présenta que lui seul pouvait diri-
riger son dromadaire. Le Persan fut
piqué, et offrit un prix tellement
élevé, que le major finit par céder
aux importunités du solliciteur, et
peut-être aussi, à l'appât du gain.
Sultan fut donc livré; mais avant le
major eut bien soin de répéter tous
les avertissemens nécessaires sur
son caractère, et toutes les instruc-
tions relatives à ses habitudes et à
la manière de le guider. Les cara-
vanes se séparèrent, l'une se dirigea
à l'est, l'autre prit sa route vers
l'ouest.

Trois jours après, le major déjà
arrivé à sa résidence près du mont
Sinaï, fut attiré par de grands cris.
Il crut reconnaître, non sans effroi,
la voix tonnante et les longs mugis-
semens d'un dromadaire furieux.
Redoutant quelque malheur, il se
précipite hors de chez lui, et reste
surpris à la vue de Sultan qui, aussitôt qu'il aperçut son maître, vint
s'accroupir à ses pieds en lui léchant
les pieds et les mains. Les regards
de l'animal, de menaçans qu'ils
étaient au premier abord, prirent
une teinte de douce mélancolie, et
restèrent fixés sur le major. Le dromadaire avait maigri; il paraissait
souffrant; sa robe blanche portait

quelques traces de sang. Le major russe devina aussitôt qu'il était arrivé quelque accident funeste. Il saigna lui-même son fidèle compagnon, et mit des compresses de plâtre rapé bien fin, sur deux blessures qui sillonnaient le beau col de Sultan.

Au voyage suivant que le major fit au Caire, il apprit que la caravane du marchand Persan y était arrivé dans le tems, et que tout le monde avait été surpris, de voir Sultan au nombre de ses dromadaires. L'animal, devenu farouche, était fortement enchaîné, et refusait toute nourriture. Personne n'osait s'en approcher, car déjà plusieurs esclaves avaient été cruellement maltraités par lui. Enfin, après être parvenu à rompre ses liens , Sultan avait renversé ses gardiens , dont deux furent tués par lui après qu'il eut reçu deux coups de yatagan , il s'échappa, traversa le Caire en culbutant tout sur son passage , et disparut dans les sables de la plaine d'Héliopolis. On le fit suivre ; mais sa course était si rapide, qu'aucun autre dromadaire ne put l'atteindre. On le vit encore quelque temps bondir et faire voler sous ses pas le sable du désert ; bientôt, on n'aperçut plus rien.

Le dromadaire sultan est encore avec le major, qui ne le céderait maintenant pour aucun prix.

LE RENARD.

Un jeune Spartiate étant parvenu à se saisir d'un renard, le cacha sous sa robe, bien résolu à ne le laisser apercevoir de personne. Dans cette intention, il aima mieux se laisser déchirer cruellement, que de proférer une seule plainte. Les jeunes Spartiates étaient accoutumés à mépriser les souffrances

7.

et à regarder la ruse comme de l'habileté ; à cet égard, ils ressemblent beaucoup aux renards. Un renard pris, se laissera tuer à coups de bâton, plutôt que de pousser le moindre cri ; mais s'il ne crie pas, il se défend courageusement jusqu'à ce que ses forces soient épuisées. S'il vous saisissait avec ses dents aigues, on aurait beau le frapper aussi long-temps que l'on voudrait, il ne lâcherait pas prise, et combattrait en silence jusqu'à ce qu'il eût été mis en pièces.

Le renard est aussi rusé qu'il est violent et hardi ; il sait apprécier les avantages d'une bonne demeure. Aussi, aucun homme ne met plus

d'habileté à chercher un terrain convenable et à s'y former un domicile
commode; son terrier est ordinairement placé près d'un bois dans le voisinage d'une ferme ou d'un village;
il écoute le chant du coq, et quelquefois se hasarde à venir près
d'une couveuse appelant ses pous-
sins. Il se glisse alors furtivement, et
si personne ne se présente à sa rencontre, il franchit les clôtures de la
basse-cour, ou il s'y traîne par un
trou souterrain, et saisit celles des volailles qui sont le plus à sa proximité;
alors il se sauve, et porte sa proie
dans son terrier. Il combine bien ses
expéditions; car il a le soin de les

faire de grand matin, avant le ré-
veil du fermier. Aussitôt qu'il entend dans la maison, les portes et
les fenêtres s'ouvrir, ce rusé animal
juge qu'il est temps de se retirer : il
saisit le moment favorable de réunir
toutes les volailles qu'il a tuées, et il
les disperse dans différentes cachet-
tes. Quelquefois aussi, il fait la chasse
aux levraux dans la plaine, ou saisit
la pauvre perdrix, lorsqu'elle est sur
son nid dans l'herbe touffue, et,
comme il est habitué à fouiller la
terre, il déloge les lapins de leurs
terriers. Par la chasse de tous ces
animaux, le renard se procure des
mets délicats; mais il ne peut pas

toujours nager dans une aussi grande abondance. Aussi, est-il obligé parfois de se contenter de rats, de mulots, de serpents, de lézards, de crapauds et de taupes; s'il habite les bords de la mer, il peut avoir des crabes, des chevrettes et différents poissons. En France et en Italie, le renard exerce de très grands ravages dans les vergers; car il est très friand de raisins. Il a dans le chien un ennemi acharné qui lui fait une rude chasse.

Lorsqu'un chasseur avec ses chiens, se met à la poursuite du renard, l'agile animal parvient souvent à gagner son terrier, et se blottit dans le fond, où il se croit en sureté; mais le chasseur place un chien en sentinelle, puis il creuse la terre jusqu'à ce qu'il trouve le renard que ses chiens saisissent.

Il arrive quelquefois que le renard a si bien creusé son terrier sous un roc ou sous les racines d'un vieux arbre, qu'il devient impossible au chasseur de le poursuivre dans sa retraite, et aux chiens de l'en faire sortir. Le renard imagine plusieurs ruses lorsqu'il se voit poursuivi, et c'est justement lorsqu'on croit être sûr de le prendre, qu'il parvient à s'échapper.

Les mères ont un très grand soin de leurs petits, on les voit préférer mourir plutôt que de les abandonner dans un moment de péril.

Un Anglais, grand chasseur, s'en retournant après une chasse infructueuse, son fidèle basset s'arrêta tout-à-coup au pied d'un chêne élevé, dont le vieux tronc était recouvert de rejetons et de pousses nouvelles ; les efforts qu'il faisait pour y grimper, fixèrent l'attention de son maître qui l'aida à en atteindre le sommet, à une hauteur d'environ vingt pieds. Il existait là, dans le creux de l'arbre, un nid de renards où le chasseur trouva la mère et les quatre petits; trois d'entr'eux furent apprivoisés; j'ai vu un de ces renards qui se trouvait dans un hôtel de Londres; il venait familièrement dans le café, à la grande satisfaction des habitués qui le caressaient beaucoup.

Les renards se trouvent en plus grand nombre dans les froides contrées du nord; ils sont plus petits que les nôtres, d'une couleur bleuâtre et quelquefois entièrement blanche; ils sont aussi rusés que les nôtres, s'ils ne les surpassent pas. Vous pourrez en juger par le récit que je vais vous faire.

Sur le rivage du Kamtschatka, il

existe une île stérile et montagneuse, à laquelle on a donné le nom de Behring, parce qu'elle fut découverte par le russe, Vitus Behring, qui eut le malheur d'y faire naufrage. Cet infortuné et plusieurs des siens, y succombèrent à la suite des souffrances qu'ils avaient endurées ; mais quelques-uns furent assez heureux pour revoir leur patrie, et ils nous communiquèrent leurs aventures.

Ces Russes s'étaient construit des cabanes pour s'abriter ; car ils furent obligé de demeurer plusieurs mois dans cet affreux séjour ; mais, quoiqu'ils fissent, ils étaient tourmentés par une multitude de renards qui inondaient cette île.

Jour et nuit, ces animaux adroits se glissaient dans les cabanes des Russes, et emportaient tout ce qu'ils y trouvaient; ils paraissaient même, prendre plaisir à les voler. En effet, souvent ils leur dérobèrent des choses qui ne leur étaient d'aucune utilité, telles que, des couteaux, des bâtons et les vêtements des marins; mais ils employaient surtout leur adresse à s'emparer des provisions de ces malheureux naufragés; ils roulaient des tonneaux qui pesaient plus de cent livres, et en retiraient la viande si adroitement, que les Russes s'accusaient entr'eux de ces vols, ne pouvant supposer que les renards fussent capables de les exécuter avec une telle habileté ; mais ils acquirent bientôt la conviction du contraire.

Lorsque les Russes eurent tué quelques animaux, ils crurent pouvoir en conserver la chair, en l'enterrant soigneusement, et en la recouvrant d'une multitude de pierres. Ces rusés animaux parvenaient par la réunion de toutes leurs forces à soulever les pierres. Les Russes imaginèrent de placer leur viande de réserve sur le haut d'un poteau, et par ce moyen, ils pensaient avoir déjoué la finesse des renards ; point du tout : l'un de ces animaux grimpait le long du poteau , et jettait aux autres ce qui se trouvait placé au faîte d'autres fois , ils se réunissaient en troupe nombreuse , creusaient la terre autour du poteau , et le faisaient tomber ; quelquefois les renards imitaient les actions des Russes ; par exemple , lorsqu'ils trouvaient un animal échoué sur le bord de la mer , quelques-uns d'entr'eux faisaient le guet , pendant que d'autres s'occupaient du partage ; s'ils apercevaient quelqu'un à une certaine distance , tous se mettaient à creuser le sable , ils enterraient leur trouvaille avec tant de précaution , qu'on ne pouvait en découvrir la moindre trace.

Tous les matins, les renards avaient coutume de venir flairer les ours et les veaux marins qui ont coutume de dormir sur le rivage; s'ils en trouvaient de morts, ils les mettaient en pièces afin de pouvoir les emporter. Enfin, vous jugerez de toute l'astuce du renard, par le trait suivant :

Dans un recueil intéressant intitulé les animaux célèbres on rapporte, sur la foi de Willix, auteur latin, qu'un renard voulant faire sa proie d'un coq d'inde qu'il voyait perché sur un arbre, imagina ce stratagème : il se mit à tourner autour de l'arbre, avec la plus grande vitesse, et pendant très-long-temps. Attentif au mouvement circulaire de son ennemi, le coq d'inde faisait autant de tours de tête, pour ne le point perdre de vue; enfin étourdi par ce tournoiement, il tombe du haut de l'arbre, et le renard s'en saisit. C'est-là sans doute plus que de l'instinct : une ruse semblable annonce une combinaison d'idées qui ne peut se faire sans intelligence.

LE BUZARD.

Un des amis de La Fontaine lui raconta l'histoire suivante.

On me fit présent d'un Buzard qui avait été pris dans un piège; lorsqu'on me l'apporta, il était si sauvage que je désespérai d'abord de pouvoir

l'apprivoiser ; je résolus de le laisser
jeûner, jusqu'à ce qu'il vint prendre
dans ma main la nourriture que je lui
présentai. Ce procédé réussit si bien,
que pendant six semaines il ne la re-
çut pas autrement, et il était devenu
si familier, que je jugeai à propos de
lui accorder une liberté un peu plus
grande. Lui ayant donc attaché les
ailes, je le portai dans mon jardin, où
il se promenait à sa volonté ; mais il
venait toujours prendre sa nourriture lorsque je l'appelais. Quelque
temps après, pensant qu'il m'était
trop attaché pour chercher à s'enfuir, je lui détachai entièrement les
ailes, et je lui mis à la cuisse une pe-

tite clochette, et au col une pièce de cuivre sur laquelle j'avais fait graver mon nom. Tout cela opéré, je le livrai à lui-même ; mais je m'apperçus bientôt que j'avais eu trop bonne opinion de son attachement pour moi ; car aussitôt il s'envola dans un bois voisin. Je le croyais perdu lorsque quatre heures après, je le vis entrer à tire d'aile dans la cour, poursuivi par cinq autres Buzards avec lesquels, je pense, il s'était querellé dans le bois. Étant le moins fort, il se trouvait heureux de revenir sous ma protection.

Après cette aventure, mon buzard ne s'éloigna plus, et il me devint si attaché, qu'il ne paraissait heureux que lorsque nous étions ensemble. Il se plaçait à un des coins de la table, lorsque je dînais; souvent il me caressait avec sa tête et son bec, faveur qu'il n'accordait qu'à moi seul. Un jour, étant sorti à cheval, il me suivit pendant l'espace de six milles environ, volant au-dessus de ma tête tout le long du chemin. Il ne pouvait souffrir les chiens ni les chats, bien qu'il n'en fut nullement effrayé; car s'il survenait quelque rixe entr'eux, il sortait toujours vainqueur de la lutte.

Mon buzard avait une autre aversion non moins fantasque : il ne pouvait souffrir un paysan coiffé d'un bonnet rouge, et si l'un d'eux s'avisait d'approcher, il le lui enlevait si adroitement que l'homme se trouvait privé de bonnet sans savoir ce qu'il était devenu ; les personnes qui portaient perruques n'étaient guère mieux traitées ; cet oiseau s'enfuyait emportant sur l'arbre le plus élevé du parc voisin, les bonnets et les perruques qu'il avait si habillement soulevés.

Lorsque un autre oiseau de proie voulait entrer dans le domaine, il l'attaquait avec tant de fureur qu'il l'obligeait de prendre la fuite. Il n'exerçait aucun ravage dans ma basse cour; aussi les volailles, d'abord effrayées par la vue de ce nouveau compagnon, ne tardèrent-elles pas à se familiariser avec lui. Quoique doux à la maison, il ne l'était pas toujours chez mes voisins ; aussi souvent prenais-je l'engagement de payer le dégat qu'il ferait, et malgré ces assurances, souvent on tirait sur lui et il revenait légèrement blessé.

Enfin un jour, de grand matin, voltigeant dans les bois, il attaqua un renard; un homme les vit, il tira dessus, tua le renard, mais le buzard n'eut qu'une aile de cassée. Il chercha à se sauver et fut perdu pendant sept jours. Une personne de ma connaissance entendant le son de la clochette, devina à qui l'oiseau appartenait et vint m'informer de la rencontre. J'envoyai du monde pour le chercher; mais ce fut en vain; chaque soir je le sifflait sans en recevoir aucune réponse. Enfin le septième jour un cri faible se fit entendre à quelque distance : je le sifflai de nouveau, et j'entendis un cri semblable. Au premier j'allai à l'endroit d'où partait ce cri : je vis mon pauvre buzard l'aile cassée, et dans l'impossibilité de voler. Il avait essayé de se traîner jusque chez moi; quoique souffrant il parut content de me voir. Il se passa six semaines avant qu'il fut entière-ment guéri ; mais ensuite, il recommença ses courses vagabondes, selon sa coutume, et au bout d'un an je le perdis pour toujours. Certain de l'amitié de mon buzard je ne puis croire qu'il ait cherché à s'enfuir ; mais tout me porte à penser qu'il aura péri par quelque accident fâcheux.

LA FOURMI.

Un observateur remarqua un jour
une fourmi traînant un morceau de
bois beaucoup trop lourd relativement à sa grosseur ; plusieurs autres
étaient à proximité occupées chacune a d'autres travaux, Il arriva

que la fourmi rencontra une butte
de terre, ce qui rendit son travail
plus difficile ; alors trois ou quatre
de ses compagnes vinrent l'aider,
et aussitôt qu'elle fut arrivée sur le
terrain uni elles la quittèrent et re-
tournèrent à leurs occupations. Le
morceau de bois que la fourmi trai-
nait était plus mince d'un bout que
de l'autre, il lui survint un nouvel
embarras. Elle se trouvait entre deux
petites buttes de terre qui lui lais-
sait un passage trop étroit ; après
avoir essayé à tirer pendant quelque temps, elle reconnut qu'elle ne
pouvait avancer de cette manière.
Que faire ? dans cette occasion la

fourmi imagina un moyen qu'un homme aurait employé dans pareille circonstance ; elle poussa en arrière pour se dégager, puis hissa le gros bout sur la butte, d'où il glissa sans aucune difficulté.

Nul doute que les fourmis se communiquent leurs pensées. Souvent on les voit se diriger sous la conduite d'une d'entr'elles, pour aller du jardin jusqu'au grenier de la maison chercher des provisions.

Le docteur Franklin désira se convaincre si les fourmis pouvaient se comprendre les unes les autres ; à cet effet il plaça dans un cabinet un petit pot de terre contenant quelques miettes de thériaque. Un grand nombre de fourmis y pénétrèrent et se régalèrent. Lorsqu'il l'eut remarqué, il les fit tomber et attacha le pot au moyen d'une ficelle, à un clou au plafond. Par hasard une d'elles était resté dans le pot. Après s'être rassasiée elle chercha à s'en aller; faisant sans cesse le tour du pot, elle fut long temps pour trouver un expédient, à la fin elle reconnut qu'il fallait parvenir au plafond en grimpant le long de la corde; de là elle gagna la muraille d'où elle redescendit facilement à terre. Cette fourmi était sans doute enchantée que ses compagnes profitassent de la thériaque qu'elle avait laissée dans le pot, elle alla donc les avertir et leur montrer la marche qu'il fallait prendre. Une demi heure s'était à peine écoulée que de la muraille au plafond on en vit une multitude aller et venir; celles qui étaient rassasiées cédaient la place à leurs compagnes et elles continuèrent ce manège jusqu'à ce qu'elles eurent entièrement consommé la thériaque.

En Angleterre les fourmis femelles ne pouvant supporter l'intensité du froid, meurent toujours dans l'hiver; les autres restent engourdies jusqu'à ce que le printemps vienne les réchauffer. Dans les climats plus chauds, les fourmis ne s'engourdissent jamais : c'est pour ce motif, quelles sont plus à craindre. Sous les latitudes brûlantes la piqûre de ces insectes cause des douleurs aigues, et s'il arrive que quelques animaux viennent à errer près de leurs fourmillères, ces insectes les ont bientôt détruits. Un voyageur traversant l'Afrique, rapporte que lorsqu'il était en Guinée, les fourmis attaquaient souvent ses moutons pendant la nuit, quelles parvenaient toujours à en tuer un, et quelles le dévoraient si lestement que le lendemain il ne restait plus que le squelette.

Au château de la côte du Cap quelques nègres couchés sur le plancher de la chapelle furent tout-à-coup effrayés à la vue d'un grand nombre de fourmis. Ils se préparèrent à une vigoureuse résistance, ils avaient fort à faire; car le nombre de leurs ennemis étaient si considérable que les premières étaient suivies d'une bande qui tenait plus d'un quart de mille de longueur. Sur toute sa surface la la terre paraissait remuer tant il y avait de ces insectes destructeurs. Après avoir réfléchi pendant quelques minutes, ils résolurent de faire une grande traînée de poudre le long du sentier que ses insectes parcouraient, ils y mirent le feu et en détruisirent des milliers; les autres furent tellement éffrayés qu'ils se dispersèrent.

LA COULEUVRE NOIRE.

———

Dans différentes parties du globe, l'on rencontre plusieurs espèces de serpents; quelques-uns sont armés de dards ou dents, garnis d'un réservoir de venin contenu dans un sachet. Lorsque ces reptiles mordent, ce sachet crève, et le venin qu'il contient pénétrant dans la blessure, la fait enfler et cause à la victime des douleurs si aigues, qu'elles occasionnent souvent la mort. Il existe aussi des serpents et des couleuvres inoffensifs, avec lesquels on pourrait jouer sans craindre aucun mal; la couleuvre noire du Nord appartient à cette dernière espèce. Elle est aussi grande que notre couleuvre ordinaire; quoique son corps soit mince, il est de la taille de celui d'un homme. Ses mouvemens sont vifs, mais ils ne doivent inspirer aucune frayeur.

La gravure représente une couleuvre prenant sa part d'un bol de lait destiné au déjeûner de deux enfants. Ce repas est de son goût ; et les enfants ne s'opposent pas à le partager avec elle. La couleuvre qui n'a pas encore assez d'instinct pour avoir appris que la gourmandise est un vice, n'attend pas son tour pour puiser dans le vase. Aussi les enfants la punissent-ils de son avidité en lui frappant sur la tête avec leur cuillière. La couleuvre reçoit ce châtiment avec patience, et ne cherche pas à se venger en les mordant ; elle le ferait qu'il n'en résulterait aucun mal. La morsure de cette couleuvre n'est pas dangereuse ce reptile n'ayant aucun venin.

Au printemps la couleuvre noire est plus méchante que dans les autres saisons de l'année; elle est quelquefois si hardie qu'elle attaquerait un homme; mais on parvient aisément à la maîtriser en la frappant rudement avec une baguette que l'on aurait à la main.

Néanmoins quoiqu'habitué à voir ces reptiles, l'on éprouve toujours quelque frayeur en apercevant une couleuvre, longue de six pieds se diriger vers soi avec la vitesse d'un jeune cheval.

En Amérique, un ouvrier européen nouvellement arrivé était employé dans une maison de campagne; on venait d'entrer dans le printemps, époque à laquelle les couleuvres sont le plus méchantes. Les ouvriers américains qui travaillaient avec l'étranger espéraient se procurer un divertissement des plus amusants, en mettant aux prises leur nouveau camarade avec une couleuvre. Deux de ces reptiles ayant été aperçus dans une pièce de terre voisine, l'ouvrier européen fut engagé à en tuer un. C'était folie d'y consentir; car il était injuste de tuer ce pauvre animal ou de chercher à lui faire mal seulement, puisqu'il était inoffensif: mais cet homme ne fit aucune de ces réflexions, et marcha droit aux couleuvres un bâton à la main ; l'une d'elles examinait ses mouvements, et loin d'attendre qu'on l'attaquât, elle prit le devant, et se dirigea vers son aggresseur. Celui-ci ne croyant pas tant de courage à cet animal, fut saisi de frayeur, laissa tomber son bâton et prit la fuite.

Les camarades de cet ouvrier ne s'étaient pas trompés dans leur attente ; ils avaient compté sur la frayeur dont cet étranger serait saisi, lorsque cette couleuvre chercherait à se défendre. Aussi disaient-ils avoir fait une bonne plaisanterie,

et ils riaient aux éclats. En un instant la couleuvre atteignit son ad-
versaire, et de son corps ayant en-
trelacé ses jambes, elle le renversa
presque évanoui. Elle l'avait si étroi-
tement enlacé de ses replis, qu'il lui
avait été tout-à-fait impossible de
se défendre.

Le patient voyant ses camarades
peu disposés à le tirer d'embarras,
chercha les moyens d'en sortir, et
il y parvint en coupant la couleuvre
en plusieurs morceaux, avec un
couteau qu'il avait sur lui.

La vitesse avec laquelle se meut
la couleuvre, et sa facilité étonnante
à tortiller son corps, sont attribuées

10.

à la conformation de son épine dorsale, formée d'un grand nombre de petits os délicatement joints les uns aux autres, et agissant librement dans tous les sens.

Cette épine dorsale lui tient lieu de pattes, et si la couleuvre parfois rampe de toute sa longueur, quelquefois aussi elle marche la tête et la moitié de son corps relevés perpendiculairement; ses yeux étincelants ajoutent encore à sa beauté.

Si la couleuvre aperçoit une grenouille sautant de rameau en rameau à la poursuite des insectes qui vivent sur les branches d'un arbre, de suite elle grimpe à l'arbre avec l'agilité et la vitesse d'un écureuil, et se saisit de cette pauvre grenouille pour la dévorer.

Les couleuvres noires sont assez aimées des américains , parce qu'elles détruisent avec la plus grande adresse, tous les rats dont les maisons sont infestées ; et quoique ces animaux soient doués d'une très grande vitesse, ils ne peuvent échapper à la couleuvre qui les poursuit jusque sur le toit des granges et sur le faîte des maisons.

Les fermières n'ont pas pour ce reptile la même prédilection, surtout lorsqu'elles s'aperçoivent que leurs pots de lait ont été écrémés par l'un de ces animaux. Ils ont pour le lait une telle avidité qu'il est impossible de les éloigner de la laiterie. Ils savent profiter de la moindre occasion pour s'y glisser adroitement, et s'emparer de ce qui est à leur goût.

La couleuvre ne montre pas moins d'avidité pour les œufs, dont elle est très friande ; aussi souvent parvient-elle à vider les œufs d'une poule couveuse, quoique cette bonne mère soit couchée sur son nid.

LE
SERPENT A SONNETTES.

———

Le serpent à sonnettes se trouve
dans les forêts d'Amérique , il est
armé de dents venimeuses, dont la
morsure cause des douleurs aiguës
qui occasionnent souvent la mort.
Le bout de sa queue est formé d'un
grand nombre de joints, en forme

d'anneaux, artistement unis, qui, au moindre mouvement de l'animal produisent un bruit ou un son semblable à celui d'une clochette ; le bruit assez fort pour être entendu à une certaine distance, avertit le voyageur de prendre une route opposée. Il est heureux pour les Américains que le serpent à sonnettes ait des mouvements aussi lourds, qui souvent l'empêchent de saisir sa proie. L'odeur qu'exhale le corps de ce reptile venimeux, contribue beaucoup à la sureté des hommes et des animaux.

Lorsque cet animal est couché au soleil, ou lorsqu'il est irrité, l'odeur

qu'il répand est si forte, qu'elle est
remarquée par les chevaux et les
bêtes à cornes, qui changent alors de
chemin; c'est à cette circonstance
qu'il faut attribuer le petit nombre
de malheurs qu'il occasionne. Si le
serpent à sonnettes était aussi habile
et aussi prompt à se rendre maître
de sa proie que la couleuvre noire,
il y aurait de la témérité à se hasar-
der à traverser les bois de l'Amérique. Le danger est plus à craindre
par un temps humide, si le vent
souffle du côté du serpent, le voyageur ne peut entendre ses siffle-
ments ni sentir son odeur, que lorsqu'il en est prêt et bientôt alors il

en est aperçu. Par un temps froid il ne fait aucun mal, lorsqu'on le laisse en repos, il n'en serait pas de même si on le maltraitait.

Un fermier Américain occupé, avec ses ouvriers, à faucher un pré, eut le malheur de fouler aux pieds un de ces serpents, qui furieux s'élança contre lui et s'attacha à l'une de ses jambes. Le fermier avait eu soin de prendre des bottes pour se préserver de la piqûre venimeuse des reptiles qu'il pourrait rencontrer dans cette herbe touffue. Ce serpent cherchait à le piquer une seconde fois au moment ou il fut coupé en deux par la faux de l'un des nègres ; ceux-ci continuèrent leur travail s'estimant très-heureux d'en être quitte à si bon compte. Le soir le fermier au retour des champs retira ses bottes et se mit au lit, il ne tarda pas à éprouver les douleurs les plus aiguës, son corps enfla et le malade rendit le dernier soupir avant l'arrivée du médecin.

Il serait prudent, lorsqu'une personne succombe à une mort violente dont la cause parait tout-à-fait extraordinaire, de rechercher ce qui a pu l'occasionner afin d'éviter qu'un pareil accident ne se renouvellât. Les amis et les voisins du fermier malheureusement ne se conduisirent pas ainsi.

Quelques jours après la mort du fermier, son fils, devant aller aux champs, pensa qu'il pourrait sans inconvénient se servir des bottes qui avaient préservé son père de la morsure du serpent à sonnettes. Il mit donc ces bottes qu'il garda toute la journée et ne les retira qu'à son retour au logis lorsqu'il fut sur le point de se coucher. Pendant la nuit il éprouva les mêmes douleurs que son père avaient ressenties et mourut à la pointe du jour. Le médecin qui avait été appelé n'avait pu lui porter le moindre secours; à la vérité il n'avait pas les connaissances suffisantes pour traiter cette maladie, et tout bouffi d'orgueil il ne voulait pas avouer son ignorance; et, aux voisins qui lui demandaient son avis, il répondait que le fermier et son fils avait été ensorcelés.

La pauvre fermière venait de perdre son mari et l'ainé de ses enfants. Ceux-ci étaient trop jeunes pour exploiter la ferme; aussi se défit-elle des bestiaux, du matériel garnissant la ferme et de toutes les choses qui lui devenaient inutiles, parmi lesquelles étaient les bottes de son mari.

Ce fut un de ses voisins qui

acheta les bottes. Les ayant mises, il ressentit également des douleurs très-vives. Sa femme plus avisée que les parents du fermier ne perdit pas de temps et envoya de suite chercher un médecin; ce dernier, heureusement plus instruit que son confrère et fort surpris de la mort subite du fermier et de son fils, en rechercha la cause; il n'était pas assez simple pour l'attribuer aux sortiléges dont les effets d'ailleurs n'ont plus de crédit que parmi les ignorants. Il savait très bien que rien n'arrive par hasard et que chaque événement a une cause première. Plusieurs personnes déjà avaient

été atteintes de la même maladie,
l'origine devait en être la même;
elle fut bientôt connue du médecin.
Il ordonna un préservatif contre la
morsure des serpents à sonnettes,
qui produisit sur le malade l'effet
qu'il avait espéré. L'habile docteur
ayant constaté l'identité des douleurs du patient avec celles pro-
duites par la morsure du serpent
à sonnettes, se fit rendre compte
de toutes les actions du malade depuis quelques jours. Il apprit qu'il
était allé aux champs avec les bottes déjà mises par les deux autres
personnes mortes presque subite-
ment, sans pourtant avoir été mor-

dûes par un serpent à sonnettes;
les souffrances qu'avaient éprouvé
le fermier et son fils étaient tout-à-
fait semblables à celles ressenties
par son malade , l'origine de la
maladie ne devait provenir que des
bottes : Il jugea donc indispensable
de les examiner avec la plus grande
attention ; il avait raison : il trouva
le dard d'un serpent à sonnettes
fixé à l'une des bottes, et le petit sachet de poison qui y était encore
suspendu.

Le malheureux fermier et son fils
étaient morts empoisonnés. En reti-
tirant leurs bottes ils avaient eu la
jambe écorchée par le dard du ser-

pent; l'égratignure quoique trés-légère et à peine visible, avait été assez grande pour recevoir une goutte de ce poison subtil qui s'était mêlé au sang et avait occasionné la mort.

Le troisième possesseur des bottes eut été infailliblement victime du même accident s'il eut été traité par un médecin aussi peu habile que l'était le premier, assez insouciant pour ne pas se donner la peine de rechercher la cause des maladies.

Cet exemple prouve combien il est utile de tâcher de se rendre compte de chaque événement.

L'AUTRUCHE.

———

Les personnes qui n'ont jamais
vu d'autruches, ne peuvent se faire
une idée de la taille et de la force de
cet oiseau. Debout dans une chambre, il toucherait presque le plafond avec sa tête, et il court avec

une telle célérité, qu'il surpasse un cheval allant au galop. Quoiqu'il ait les pattes beaucoup plus longues que ne sont les jambes d'un homme, il ne pourrait courir aussi vite , s'il ne déployait ses ailes que le vent pousse et dirige comme les voiles d'un navire.

Un voyageur vit deux autruches très bien apprivoisées ; l'une était plus grande que l'autre ; deux jeunes nègres montaient ensemble sur le dos de la plus forte; elle, aussitôt se sentant chargée , se mit à courir aussi vite que possible, et fit en très peu de temps et plusieurs fois le tour du village. Ce voyageur fut tellement étonné, qu'il désirât voir recommencer cette course, et, pour connaître la force de ces oiseaux, il fit monter un homme sur la plus petite autruche, et deux sur la plus grande : toutes deux ne firent d'abord que trotter ; mais bientôt, après avoir déployé leurs ailes, elles se mirent à courir et tellement vite, qu'à peine les voyait-on toucher la terre.

Les autruches dont le naturel paraît si doux lorsqu'elles sont apprivoisées, ne sont pas aussi familières avec les personnes qu'elles n'ont pas l'habitude de voir. Si elles rencontrent un étranger, elles s'élancent sur lui, et font tous leurs efforts pour le terrasser; elles cherchent à le déchirer de leur bec et de leurs griffes, et parviennent souvent à le tuer.

On rencontre ordinairement ces oiseaux dans les déserts de l'Arabie. Une partie de ce pays n'est qu'une vaste pleine aride et sablonneuse, n'offrant aux voyageurs aucun signe de végétation. L'autre partie située sur le bord de la mer, est agréable et très fertile. Sur ces collines fraîches et ombragées, croissent le café et la canne à sucre, et des ruisseaux arrosent une riante vallée. La myrrhe odorante et le

baume salutaire parfument les zé-
phirs ; le palmier chargé de dattes,
et un grand nombre d'autres arbres
sont en pleine végétatiou.

Les Arabes, qui d'ordinaire ont
l'habitude d'habiter les côtes, forment, par leurs réunions plus ou
moins considérables, des villes ou
des villages; ceux, au contraire, qui
habitent les déserts, se mettent à
l'abri sous des tentes qu'ils empor-
tent toujours avec eux lorsqu'ils
changent de contrée.

Je ne puis me figurer ce que de-
viendraient ces Arabes, s'ils ne pos-
sédaient le chameau qu'ils appellent
le vaisseau du désert : cet animal

est d'une patience à toute épreuve,
il parcourt les terres sablonneuses
en ne prenant pour nourriture, que
des plantes indigènes brûlées par le
soleil. Cependant, les Arabes donnent encore la préférence à leurs
chevaux. Il est vrai qu'ils en ont la
race la plus belle et la plus robuste;
aussi, ces chevaux habitent-ils les
mêmes tentes que leurs maîtres qui
les traitent avec le plus grand soin;
sont d'ailleurs tellement doux, que
les enfants jouent avec eux; et, si
pour dormir, ils se couchent sur
leur corps ou à leur côté, les chevaux n'osent se remuer dans la
crainte de blesser leurs petits com-

pagnons. Les Arabes se servent des chevaux pour chasser les autruches qui vivent en grand nombre dans ces pays couverts de sables brûlants.

L'autruche dépasse un cheval allant au galop. Un Arabe quoique monté sur le cheval le plus leste et le faisant courir à bride abattue, ne parviendrait pas à atteindre une autruche qui s'éloignerait et dans sa course se déroberait bientôt à sa vue. Au contraire, s'il ne fait aller son cheval qu'au trot en suivant une ligne droite, il approchera plus facilement de cet oiseau, qui, étant moins effrayé, n'ira qu'en zig zag.

La chasse de cet oiseau dure quelquefois deux ou trois jours, tant qu'il n'est pas harassé. L'autruche se fatigue plus aisément que le cheval, bien qu'elle le surpasse à la course. Épuisée de fatigue, elle se retourne, se bat vaillamment contre le chasseur, ou, après avoir caché sa tête dans ses ailes, lui donne ainsi la facilité de la prendre.

Cette chasse est très pénible, mais elle est d'un grand produit. Les Arabes se nourrissent de la chair de cet oiseau, et des plumes blanches arrachées à la queue, se procurent en échange une infinité de choses que ces déserts arides ne produisent

pas, telles que : du café, du millet
des fruits pour eux, et de l'orge
pour leurs chevaux. Nos dames,
lorsqu'elles se parent de ces belles
plumes, ne se figurent pas toute
la peine que se sont donnée les
Arabes pour se les procurer.

LES MOINEAUX.

———

Ces petits oiseaux construisent leur nid avec le plus grand soin, ils le placent ordinairement dans des trous de mur ou sous un toit de maison, et, s'ils ne sont pas assez heureux pour trouver un endroit aussi commode, ils font leur nid sur un arbre, et souvent sous celui d'un oiseau plus gros, afin de trouver ainsi un abri contre la pluie et le vent; ils ne laissent sur le côté qu'une ouverture assez grande pour entrer et sortir; les pères veillent sur leurs petits avec la plus grande sollicitude; ils leur apportent pour nourriture des chenilles, des papillons et beaucoup d'autres insectes.

Un enfant emportait un nid de moineaux qu'il avait trouvé sur son passage à une lieue environ de l'endroit où il demeurait. En revenant, il vit avec la plus grande surprise, les père et mère le suivre à une certaine distance, et remarquer attentivement tous ses mouvements. Il pensa qu'il pourrait arriver que ces pauvres oiseaux continuassent à le suivre, et il se flattait du plaisir de les voir chaque jour apporter la becquée à leurs petits, selon leur habitude. Sur le point d'arriver, il éleva le nid, fit pousser à ses petits prisonniers un cri à peu près semblable à celui qu'ils font lorsqu'ils ont faim. Bientôt après, il les mit dans une cage en fil de fer qu'il accrocha à un des côtés de la fenêtre, et choisit une place dans la chambre d'où il pourrait voir ce qui se passerait sans être

aperçu. Les père et mère répondi-
rent aux cris de leurs petits; le bec
rempli de chenilles, ils voltigèrent
autour de la cage , gazouillant
comme s'ils voulaient leur adresser
quelques paroles, leur distribuè-
rent les vers dont ils avaient fait am-
ple provision, et continuèrent ainsi
chaque jour, jusqu'à ce qu'ils fussent assez forts et entièrement couverts de plumes. Alors l'enfant choisit l'un des plus gros , et le posa sur
la cage pour voir ce qu'il allait faire;
quelques minutes après, les père et
mère apportèrent de la nourriture,
et voyant un de leurs petits en liberté, se mirent à voltiger autour,

en donnant des marques de la joie la plus vive. Par leurs chants et leurs voltigements réitérés, ils l'excitaient à les suivre, et, pour le décider, les père et mère volaient fréquemment de la cage au haut d'une cheminée située auprès, et cherchaient à lui faire comprendre que la distance n'était pas grande.

Enfin, le petit oiseau essaya ses ailes, et parvint au haut de la cheminée à la grande satisfaction des père et mère.

Le lendemain, l'enfant plaça sur la cage un autre petit, et les jours suivants, les deux autres. Les père et mère eurent pour chacun les mê-

mes attentions qu'ils avaient eues
pour le premier; et cette petite famille heureuse d'être enfin réunie
et de jouir d'une entière liberté,
célébra par ses concerts sa vive al-
légresse. L'enfant touché de la
tendre sollicitude que ces oiseaux
avaient manifestée pour leurs petits, et admirant avec quelle tou-
chante exactitude ils pourvoyaient
à leurs besoins, prit la ferme résolution de montrer à l'avenir moins
d'étourderie en cessant de courir
après les nids.

LE LÉOPARD.

Dans la partie sud de l'Asie est
située l'Indoustan, contrée vaste et
très fertile ; les arbres, les plantes
et les animaux qui s'y trouvent,
diffèrent beaucoup de ceux que
nous avons l'habitude de voir dans

nos climats : dans les plaines l'on rencontre ordinairement le chameau et le sage éléphant, et les lions, sur le côté des montagnes, exposé au vent du nord. Souvent le voyageur imprudent est attaqué par le tigre royal du Bengale, le plus beau et le plus terrible des animaux de proie. L'on y voit aussi une espèce de tigre d'un naturel très doux, auquel les chasseurs donnent le nom de léopard chasseur : il est de la grandeur d'un lévrier; sa robe est d'une couleur cuivrée marquée de taches noires, et lorsqu'il est apprivoisé, ce bel animal est très docile, et montre pour son maître autant d'attachement qu'un chien, et autant d'empressement pour la chasse que s'il était encore à l'état sauvage ; aussi les Indous savent-ils profiter de ces bonnes dispositions, et, lorsqu'ils vont à la chasse, ils se font suivre de cet animal, qui, pour cette raison, a reçu le nom de léopard chasseur.

L'île de Guyerat dont une partie appartient aux Anglais, grands amateurs de la chasse, fournit les plus beaux léopards de tout l'Indoustan. Cette île est située un peu sur la droite de la mer Arabique. Lorsqu'ils vont à la chasse, les Indous s'y prennent de cette manière : au moment de leur départ ils font monter le léopard dans une jolie voiture attelée de deux bœufs blancs; son gardien placé auprès lui couvre la tête d'un capuchon, et lui passe un cordon autour du cou; les chasseurs, ordinairement en grand nombre et suivis de leurs domestiques, accompagnent le chariot dans lequel est le léopard. Arrivés au rendez-vous, les chasseurs confient à leurs domestiques la garde de leurs chevaux, montent dans des petits chars appelés kake-ris, et se mettent à la recherche des gazelles; si l'endroit est boisé, le gardien retire le capuchon qui couvre la tête du léopard, et le met en liberté. Le divertissement des chasseurs dépend de l'adresse dont fait preuve l'animal admis à les seconder; ses moindres mouvements sont épiés avec la plus grande attention. S'il parvient à devancer les chasseurs de soixante-dix pas, il court avec une si grande vitesse, que rarement il manque de saisir quelques gazelles.

Les griffes du léopard sont presque semblables à celles du tigre; aussi, lorsqu'il a atteint une gazelle, il lui applique un coup si fort qu'il terrasse ce pauvre animal, et aussitôt le saisit au cou.

Si c'est une gazelle femelle ou un petit, le léopard l'étrangle à l'instant; mais il n'en est pas ainsi du mâle dont le cou est plus fort, et dont les pattes pointues sont armées de cornes dures et dangereuses.

La gazelle est si rusée qu'elle sait lutter encore contre cet animal; mais le gardien arrivant aussitôt, lui coupe la tête, et a le plus grand soin de donner le dernier joint de la patte de cette gazelle au léopard qui se trouve ainsi récompensé de ses peines; si, au contraire, il s'était aperçu que la gazelle fut morte, il aurait cherché à la dévorer. Le gardien saisit le moment où le léopard est occupé à ronger la patte qu'on lui a jetée pour mettre le gibier en sûreté, il revient ensuite auprès du léopard, le conduit au chariot dans lequel il a été amené, et l'y fait sauter de nouveau; alors cet animal se couche auprès du gibier sans y faire la moindre attention.

LE CASTOR.

Vous apprendrez sans doute avec plaisir l'histoire du castor, cet animal si habile et si industrieux à qui vous devez cette coiffure douce et chaude dont votre tête est couverte. Il a environ trois pieds de longueur et un pied de hauteur;

ses pattes de derrière lui servent de mains, et ses dents blanches et affilées, d'outils tranchants. Les habitations des castors, qu'ils construisent eux-mêmes, ont la forme de monticules ronds; plusieurs sont placées au milieu de l'eau. Habiles nageurs, ces animaux vivent également sur la terre et dans l'eau. Aussi prévoyants que la fourmi, ils font pendant l'été leurs provisions d'hiver, et peuvent ainsi passer dans l'abondance les jours froids et humides de cette mauvaise saison.

Les feuilles et l'écorce de tous les arbres et arbrisseaux conviennent pour la nourriture de cet animal;

cependant il préfère celles du frêne, du tremble, du bouleau et surtout la racine du lis d'eau. Lorsqu'il mange il tient sa nourriture entre ses deux pattes, et la ronge de même que les écureuils dont les dents sont exactement semblables aux siennes ; mais la queue du castor diffère beaucoup de celle de l'écureuil ; au lieu de crins elle est couverte d'écailles comme la peau d'un poisson, et lui est ainsi beaucoup plus utile que si elle était chevelue.

Les Welches appelaient les castors, Animaux à longues queues, et estimaient beaucoup leur peau très belle et très douce. Pour visiter une peuplade de castors nous serions obligés de traverser l'Océan atlantique, au nord de l'Amérique.

Vers les mois de juin et juillet les castors s'assemblent au nombre de deux ou trois cents, et cherchent l'endroit le plus convenable pour s'y établir; ils donnent la préférence à un étang entouré de frênes et de trembles; mais s'ils ne peuvent en rencontrer, ils s'arrêtent sur une grande pièce de terre traversée par un ruisseau, et parviennent à en faire eux-mêmes un étang.

Doués d'un instinct tout particulier et d'une persévérance à toute épreuve, ils entreprennent avec courage, pour arriver à leur but, les travaux les plus difficiles et les plus pénibles; ils finissent toujours par surmonter tous les obstacles, ce qu'il sera facile de juger par le récit suivant.

Lorsque les castors entreprennent la formation d'un étang, ils choisissent l'endroit de la rivière le plus convenable, ensuite ils se dispersent dans les bois voisins pour y prendre des pieux de quatre ou cinq pieds de long; leur approvisionnement de pieux achevé, ils les transportent dans les champs au bord de la rivière; puis ils

les placent les uns à côté des autres à travers le cours de l'eau,
et ils entrelacent des branches
en forme de claies. Les claire-
voies sont remplies d'argile, de sable et de pierre ; elles sont battues
et plombées avec la plus grande attention jusqu'à ce que le massif soit
assez dur. Cette digue a dix ou
douze pieds d'épaisseur à la base,
l'un de ses côtés est perpendicu-
laire, l'autre présente une pente
assez douce pour que la digue n'ait
dans le faîte qu'une épaisseur de
deux ou trois pieds ; quelquefois
elle a cent pieds de longueur. Cette
pente est bientôt couverte de ga-

zon; c'est ce qui en augmente la solidité.

Les castors élèvent ces digues pour arrêter le cours de la rivière, jusqu'à ce que toute la partie du champ qu'ils ont choisie pour en former un étang soit entièrement couverte d'eau.

L'étang à peine achevé, les bords en sont bientôt couverts d'habitations que ces habiles ouvriers construisent sur pilotis. Les murs sont faits de pierres et de bois soigneusement liés ensemble, et ont environ deux pieds d'épaisseur. Le toit est en forme de petit dôme, et aussi bien ravalé que si un maçon y avait mis la main. Quelques-unes de ces demeures n'ont qu'un étage, d'autres en ont trois, et le nombre des habitants varie depuis deux jusqu'à trente. Chaque castor fait son lit de mousse, et chaque famille a son magasin particulier sous l'eau, où sont placés, à l'abri de la gelée, toutes leurs provisions, qui en sont retirées au fur et à mesure de leurs besoins.

Les villages de castors comprennent dix à vingt-cinq maisons; aussi long-temps que la position leur plaît, qu'ils y trouvent en abondance leur nourriture favorite, et que personne ne vient les troubler, ces animaux ne cherchent pas à changer de contrée. Il ne faut pas croire pour cela qu'ils restent dans l'inaction ; ils continuent toujours à bâtir. C'est à cette circonstance que l'on doit attribuer l'importance plus ou moins grande de certains villages. Lorsque le terroir cesse de suffire à leurs besoins , ils parcourent les environs jusqu'à ce qu'ils aient découvert un endroit convenable à un nouvel établissement. Ordinairement chaque été ils quittent leurs maisons, et se répandent dans les bois où ils couchent sur des broussailles à l'abri d'une haie plantée au bord d'une rivière ou d'un étang. Pendant les heures de repos, quelques castors font le guet, et, en cas de danger, réveillent leurs timides camarades qui se précipitent aussitôt dans l'eau pour se dérober à la poursuite de leurs ennemis.

Les castors, d'un naturel frileux, restent pendant tout l'hiver engourdis dans leurs habitations ; aussi dans cette saison, ne prenant aucun exercice, et ayant une nourriture abondante, ils deviennent ordinairement très gras. Bien que les castors aient pris toutes leurs précautions pour passer tranquillement l'hiver, c'est à cette époque qu'ils sont le plus exposés aux attaques des chasseurs. Il y a deux ma-

nières de les prendre : l'on barrica-
de avec des bâtons la porte de la
cabane toujours percée du côté de
l'eau ; dans le mur du fond, opposé
à la porte, on fait un trou assez
grand pour introduire un chien. Ces
chiens, dressés à cette chasse, saisissent le castor avec leur gueule,
et ne le lâchent que lorsque leur
maître les ont retirés de la cabane.

La seconde manière est celle
employée par les Indiens de la baie
d'Hudson, ils étendent des filets sur
les cabanes, et en enlèvent le toit.
Ces animaux effrayés cherchent à
se jetter à l'eau, mais ils se trouvent
arrêtés, et deviennent ainsi la proie

des chasseurs qui les dépouillent de cette peau douce et chaude, plus recherchée en hiver qu'à tout autre moment de l'année. Les chapeliers emploient aussi dans leur fabrication ce qu'il y a de plus fin et de plus doux dans la fourrure de ces animaux.

Les castors vivent aussi bien en Russie, en Laponie, que sous le climat de l'Amérique du nord; mais le Labrador, pays coupé de lacs, de rivières, d'étangs et de bois plantés de bouleaux, de trembles et d'un grand nombre d'arbrisseaux couverts de fruits sauvages, leur offre un séjour enchanté.

14.

Ces animaux si intelligents sont aussi susceptibles d'éprouver des sentiments d'amitié : deux jeunes castors pris vivants, et apportés dans un des établissements de la baie d'Hudson, y vivaient en bonne intelligence. Il arriva que l'un d'eux fut tué par accident; son compagnon ne put lui survivre, et se laissa mourir de faim.

Un grand nombre de castors habitent également la Louisiane, vaste contrée située au nord de l'Amérique, entre la rivière de mississipi, et les montagnes pierreuses arrosées par une grande quantité de rivières qui se jettent toutes dans

le grand canal de Mississipi. M. Duprat, pendant qu'il habitait ce pays,
trouva un village de castors dans un
endroit très retiré, à la source d'une
de ces rivières; désirant observer les
habitudes de ces animaux, il prit la
résolution de se fixer pendant quelque temps dans les environs. Plusieurs de ses amis se joignirent à
lui, et ils construisirent une tente
à une petite distance de là, assez
éloignée cependant du village des
castors pour ne pas en être a-
perçus. M. Duprat et ses amis ne
quittaient pas leur cabane durant
le jour, mais aussitôt que la lune
commençait à paraître, et que tout

était calme, chacun d'eux prenait une branche d'arbre couverte de toutes ses feuilles, la mettait devant lui, et se dirigeait le plus silencieusement et le plus doucement possible jusqu'à la digue des castors. Lors même qu'ils en auraient été vus, ils n'auraient inspiré aucune crainte étant entièrement cachés par les branches qu'ils portaient.

M. Duprat dit à voix basse à un de ses compagnons d'aller démolir une partie du ravin, et de prendre toute la précaution possible pour revenir sans avoir été aperçu. A peine une brèche fut-elle faite à la digue, que l'eau reprit son cours,

et, par sa chute, fit retentir tous les
environs d'un bruit effroyable. Un
castor vigilant sortit de sa cabane
pour en connaître la cause ; M. Duprat l'observa, et le vit monter sur
le ravin endommagé, et l'examiner.
Ce pauvre animal paraissait chercher avec anxiété ce qui avait dû
occasionner cette ouverture ; mais
le mal était fait, il s'agissait maintenant de le réparer. Il s'assit sur sa
queue large et écailleuse, et de
toutes ses forces, donna quatre
coups distincts sur le banc où il
était. Ce bruit réveilla tous les habitants de la colonie, qui se glissèrent
de leurs cabanes dans l'eau, et fu-

rent bientôt réunis ; alors l'un deux poussa de petits cris sourds en signes de commandements. Les castors se dispersèrent aussitôt, et occupèrent différentes positions sur le bord de l'étang. Quelques-uns approchèrent tellement de M. Duprat, qu'il lui fut facile de distinguer le travail de ces animaux industrieux. Les uns faisaient un mortier très compact avec de l'eau et de l'argile, et l'apportaient auprès de la digue ; d'autres recevaient ce mortier, et le répandaient sur la brèche en l'appuyant fortement à coups de queue. Le bruit cessa aussitôt que le dégât fut entièrement réparé, et l'un des castors ayant frappé deux coups, tous se jetèrent à la nage, et regagnèrent tranquillement leur demeure ; M. Duprat et ses amis en firent autant. M. Duprat, désirant examiner l'intérieur des habitations des castors, revint la nuit suivante, tira plusieurs coups de fusil ; la détonnation qui en résulta produisit un si grand effroi parmi ces pauvres castors, qu'ils s'enfuirent de leurs cabanes et se cachèrent dans l'eau. M. Duprat put alors examiner tout à son aise les dispositions de leurs gentilles petites demeures : elles sont construites tout-à-fait comme je l'ai déjà décrit, seulement il remarqua que les planchers en étaient soutenus au moyen de mortaises qui avaient été faites aux poteaux enlacés dans l'épaisseur des murailles, et aussi adroitement qu'aurait pu le faire un charpentier.

Il se fait un commerce très considérable de peaux de castors; on rapporte qu'en 1798 il en fut exporté 106,000 du Canada en Europe et en Chine.

LA MARMOTTE.

La marmotte ressemble au lièvre
par la tête, au blaireau par le poil
et les ongles, à l'ours par les pieds.
Elle a la moustache du chat, les
yeux du loir, la queue courte, et
elle tient encore du rat par la forme
du corps.

Cet animal est facile à élever : il
mange de tout, des hannetons, des
sauterelles, des herbes et des racines; mais il préfère le beurre et le
lait à tout autre aliment. Il se tient

assis comme l'écureuil, et il se sert
de ses pattes de devant pour porter
la nourriture à sa gueule. La marmotte qui se plaît sur les plus hau-
tes montagnes toujours couvertes
de neige et de glace, est cependant
très sensible au froid; on la trouve
sur les hauts sommets des Alpes, des
montagnes de la Suisse et des Pyré-
nées. Ordinairement c'est à la fin de
septembre ou au commencement
d'octobre qu'elle se retire dans sa
retraite; elle n'en sort que sur les
premiers jours d'avril; mais il ne
faut pas croire, comme on l'a dit
jusqu'à présent, qu'elle y reste en-
gourdie pendant six mois de l'an-

née. Dès la fin de juillet les marmottes se mettent à construire leur
retraite, qu'elles meublent avec le
plus grand soin; d'une assez grande
capacité, moins large que longue,
leur demeure souterraine forme
une espèce de galerie sous la
forme d'un Y, dont les deux branches ont chacune une ouverture, et
aboutissent à un impasse; chacune
de ces retraites peuvent recevoir
plusieurs de ces animaux sans que
l'air y soit corrompu. Quoiqu'ayant
l'apparence d'une masse inerte, cet
animal n'est pas moins industrieux
que le castor. A l'approche de l'hiver, plusieurs marmottes se réunis-

sent pour construire leurs habitations : c'est ordinairement sur le pen-
chant d'une montagne. Elles fouil-
lent la terre, et creusent leur terrier avec une habileté remarquable.
L'intérieur en est tapissé de mousse
ou de foin. C'est toujours en com-
mun qu'elles travaillent et s'occu-
pent de pourvoir à leurs provisions :
les jeunes coupent des herbes choi-
sies, les vieilles en font des tas, et chacune à son tour sert de voiture pour
les transporter au gîte. L'une d'elle,
dit-on, se met sur le dos, étend ses
pattes pour servir de ridelles, se
laisse charger de foin, et les autres
la tirent par la queue et prennent

garde en même temps qu'elle ne
tombe de côté. Elles sont toujours
plusieurs ensemble, et travaillent à
leur retraite où elles viennent se
blottir pendant l'orage, ou lorsqu'il
se présente quelque danger. Elles
ne sortent que dans les plus beaux
jours ; et lorsqu'il souffle un vent
chaud, des troupes de marmottes se
réunissent sur le gazon pour jouer
ou s'occuper à couper l'herbe, et à
la faner. Une d'elles placée en sentinelle sur une roche élevée, fait toujours le guet, et si elle aperçoit un
homme, un chien ou tout autre ennemi, par un sifflement aigu, elle
avertit ses compagnes, qui se préci-

pitent alors vers leur demeure, et c'est le devoir de la sentinelle de rentrer la dernière. La marmotte, lorsqu'on la caresse, fait entendre un murmure qui ressemble aux cris d'un petit chien. Cet animal ne produit qu'une fois l'année ; chaque portée est de trois ou quatre petits.

Par sa docilité, elle fournit une ressource à ces pauvres petits savoyards qui la montrent aux habitants des villes comme un objet de curiosité, et la font danser aux sons de la vielle.

FIN.

PARIS. — IMPRIMERIE D'AMÉDÉE SAINTIN.
Rue Saint-Jacques, 38.

TABLE

DES HISTOIRES CONTENUES DANS CE VOLUME.

———

FIN DE LA TABLE.